AF603163

RECHERCHES

PAR LE GOUVERNEMENT

DES MOYENS DE COMBATTRE LA FRAUDE

DANS LE

COMMERCE DES ENGRAIS

ET DE

PROCURER A L'AGRICULTURE DES MATIÈRES FERTILISANTES
EN PLUS GRANDE ABONDANCE ET AU PLUS BAS PRIX

Par
Simon [illegible]

NANCY

IMPRIMERIE E. RÉAU, RUE SAINT-DIZIER, 51

—

1872

Messieurs,

Le gouvernement a ouvert une enquête au ministère de l'agriculture et du commerce le 24 novembre 1864 pour rechercher :

1° Les moyens de procurer aux cultivateurs des matières fertilisantes en plus grande abondance ;

2° Pour savoir quels étaient les engrais les plus utiles ;

3° Pour rechercher, en même temps, les meilleurs modes d'emploi des engrais en général ;

4° Les divers procédés de leur fabrication ;

5° Les moyens de pouvoir se les procurer au meilleur marché possible et dans les conditions de fabrication les plus loyales ;

6° Enfin pour aviser aux mesures capables de mettre l'agriculture à l'abri des engrais falsifiés, prévenir les fraudes et les réprimer au besoin.

Une commission a été nommée à cette époque et

a reçu la mission d'examiner et de résoudre ces diverses questions.

Il est ressorti de ses travaux des enseignements précieux qu'il est, je crois, utile de porter à la connaissance des agriculteurs et de toutes les personnes dévouées aux progrès agricoles.

Ces travaux ont démontré qu'il y avait nécessité de créer des institutions régionales; des écoles d'engrais par toute la France où on ferait des recherches et des expériences sur toutes les substances;

Qu'il y avait dans le sous-sol des ressources auxquelles on pouvait recourir : des phosphates de chaux naturels, des nitrates de soude, des sels de potasse et bien d'autres engrais encore répandus dans le sein ou à la surface de la terre, que l'on n'a pas encore employés en France;

Que des cours de chimie appliqués à l'agriculture guideraient sûrement dans ces recherches et dans ces études;

En un mot que tout devrait être tenté pour développer, le plus possible, la fabrication des engrais et pour encourager le goût et les mœurs agricoles.

D'un autre côté, pressés par les exigences d'une consommation toujours croissante, les cultivateurs ont dû chercher les moyens d'augmenter la production et, à défaut de fumier de ferme ordinaire, qui est toujours le premier de tous les engrais et qui ne peut être produit qu'en quantité limitée, ils ont dû employer toutes les substances qui possédaient des qualités fertilisantes.

C'est ainsi que, pour arriver à augmenter la productivité du sol, ils ont successivement essayé les matières fécales et tous les engrais qui en proviennent : le sulfate d'ammoniaque, la poudrette, l'engrais organique, les débris d'équarrissage, des abattoirs et des tanneries :

Les résidus des raffineries et des distilleries ;

Les vases et boues provenant des curages de canaux, les immondices, le guano, le noir animal, les os, les cornailles, les chiffons de laine, les tourteaux, les cendres vives, les cendres de lessives, les cendres pyriteuses :

Les débris de poissons, le sel, la potasse, la soude, la magnésie, la chaux, le plâtre, le soufre, les granits, les tourbes animalisées, les engrais marins, les engrais artificiels de toute nature et de toutes fabriques.

La consommation annuelle des engrais artificiels dépasse depuis longtemps, en France, cent millions de quintaux métriques, d'une valeur au moins de 500 millions de francs.

Mais si la chimie a favorisé l'emploi de ces utiles substances, en révélant leurs qualités fertilisantes, beaucoup de ces nouveaux engrais sont des poudres que rien ne caractérise à l'œil ; aussi, abusant de la bonne foi et de l'ignorance, en chimie, des cultivateurs, quelques fabricants, à l'aide de mélanges sans valeur, sont venus altérer ces produits.

Les conséquences de ces fraudes sont déplorables ; à la perte de la valeur dépensée, à l'achat de l'engrais falsifié et inerte, il faut ajouter la valeur des semences, la main-d'œuvre et le loyer du sol.

Des dispositions légales, qui obligeraient les marchands de ces engrais à l'analyse préalable et à l'étiquetage des matières mises en vente, auraient une utilité qu'on ne saurait méconnaître.

Les commissions agricoles pourraient alors, avec quelque sûreté, renseigner les cultivateurs, comme on le fait en Angleterre, sur l'efficacité d'un engrais, eu égard au terrain qu'il s'agit de fertiliser et à la récolte qu'on se propose d'obtenir.

Le commerce des engrais devait donc appeler tout particulièrement l'attention du gouvernement et des sociétés d'agriculture ; ces dernières devaient s'assurer si les agents de fertilisation naturels ou industriels, en passant par les mains des vendeurs, ne donnaient pas lieu à des manœuvres coupables, malgré les garanties plus apparentes que réelles qu'elles cherchaient à simuler, à la faveur des emballages plombés.

D'un autre côté, cette surveillance devait être exercée avec beaucoup de circonspection par l'autorité, car il fallait craindre de déconsidérer une industrie utile au détriment des intérêts agricoles, qui n'auront jamais trop d'auxiliaires.

Dans l'enquête, qui a eu surtout pour but de rechercher les pratiques blâmables et les fraudes dont ce commerce est l'objet dans diverses parties de la France, il a été constaté que ces fraudes se faisaient en plein jour.

La terre de motte, la tourbe jouent un très-grand rôle dans la falsification ; on fait généralement entrer dans les engrais pour les trois quarts de matières inertes.

Avec de la terre de motte et un peu de noir de raffinerie on fait du noir d'engrais factice.

L'eau, la tourbe réduite en poudre et tamisée, la tourbe carbonisée, le coke de Boghead, les schistes noirs pulvérisés, la chaux noircie, les résidus de fabrique de prussiate, les cendres pyriteuses, les résidus ou boues de potasse, les résidus de fabrique de sucre de betterave, les poussières de charbon, enfin toutes les substances noires absorbantes, à vil prix, qui ont l'aspect de noir animal, servent à la falsification.

Le noir grain usé ne contient que 2 à 3 pour cent d'humidité, pèse, en moyenne, 95 kilogrammes à l'hectolitre et dose 70 pour cent de phosphate de chaux; les fraudeurs le répulvérisent et, après y avoir mêlé les substances, le revendent comme noir animal pur des raffineries.

Pour le guano, ils emploient la terre glaise, l'eau, la sciure de bois pulvérisée, la poudre d'os provenant des fabriques de colle, les cendres de tourbes.

La sophistication du guano la plus complète se fait avec 10 pour cent de poudre d'os désagrégée par la vapeur, 30 pour cent de tourbe ferrugineuse, 10 pour cent de sciure pulvérisée, 50 pour cent d'eau.

Ce mélange conserve non-seulement l'apparence du guano, mais il en a encore l'odeur; le cultivateur le plus expérimenté peut y être facilement trompé, et, pour que l'illusion soit plus complète, ce mélange lui est offert dans des sacs plombés aussi semblables que ceux du guano péruvien.

Le noir animal et le guano sont les matières sur lesquelles s'exerce particulièrement cette regrettable industrie.

Un nouvel engrais, le phosphate de chaux fossile, tend-il à prendre sa place parmi les substances les plus utilisées comme engrais, qu'aussitôt, avec du plâtre, une sophistication éhontée fait du phosphate fossile.

Pour des cendres et charrées on livre des vases d'étangs, le tuffeau gris pulvérisé.

Pour de la poudrette on donne de la tourbe et toutes les substances absorbantes à vil prix.

On a construit à Nantes, à grands frais, une usine destinée à pulvériser le coke de Boghead pour la fraude.

Les préfets ont réglementé la vente des engrais, ils ont prescrit un dépôt central, ont nommé des inspecteurs chargés de leur vérification; mais ces mesures n'ont pas produit l'effet qu'on en attendait; l'appât du gain est trop grand; tel noir se vend 15 à 18 francs l'hectolitre. Si on y mélange 50 pour cent de matières inertes le profit est considérable; il n'y a que le système de la répression qui puisse réussir à arrêter les fraudeurs.

Le conseil général de la Loire-Inférieure a demandé que les engrais mis en vente fussent étiquetés d'une manière obligatoire, que les fabricants fussent astreints à indiquer la composition de leurs marchandises et qu'ils fussent poursuivis quand cette composition ne serait pas conforme à cette indication.

M. Moll, agriculteur distingué, dont l'opinion est d'un grand poids dans ces questions, a réclamé, comme le Conseil général de la Loire-Inférieure, l'étiquetage des engrais indiquant ce qu'ils contiennent réellement, afin qu'ils soient vendus au titre et que chacun puisse vérifier.

On a proposé un modèle de marché pour l'achat des engrais, et si tous les acheteurs se conformaient aux conditions qui y sont stipulées, il est à présumer que les fraudes cesseraient promptement.

MODÈLE de marché proposé pour l'achat des noirs, pour éviter la fraude.

Entre les soussignés , M. A... vend, par ce présent, à M. B... qui accepte kilogramme de noir animal en poudre titrant pour cent de phosphate de chaux pur d'os, livrable à M. B... au plus tard le et indiquer le lieu où la livraison devra être faite.

Cette vente est faite moyennant le prix de basé sur le prix du kilogramme de phosphate de chaux, lequel est fixé par les parties à par kilogramme.

Il sera loisible à M. B..., acheteur, de faire analyser le noir animal présentement vendu, mais à la condition que cette analyse sera faite aussitôt après l'arrivée de la marchandise au lieu de la livraison ou dans un délai de jours à partir de son arrivée.

Cette analyse sera faite par M , chimiste désigné d'un commun accord par les parties.

Ce chimiste, avisé de l'arrivée du noir à (lieu de destination), se transportera au lieu indiqué et, après s'être assuré du poids total de ce noir, il en recueillera, avec les précautions nécessaires, un échantillon d'au moins 500 grammes, gardera la moitié de cet échantillon pour en faire l'analyse, renfermera l'autre moitié dans un flacon bien bouché et recouvert de son cachet qu'il adressera à M. A..., vendeur, ou qu'il tiendra à sa disposition en cas de contestation de son analyse.

Le noir sera analysé sans distinction préalable, c'est-à-dire dans l'état où il se trouvera lors de la pesée et de la prise d'échantillon par le chimiste, qui pourra néanmoins faire connaître la proportion d'humidité. La quantité de phosphate de chaux, trouvée par l'analyse ainsi faite, servira à fixer définitivement le prix de la présente vente, lequel, ainsi qu'il est dit plus haut, doit être basé sur le prix de par kilogramme de phosphate.

Fait double à, etc.

La commission avait encore à examiner quelles seraient les mesures à provoquer, en vue de mettre à la disposition de la culture les engrais et les amendements au meilleur marché possible.

Des compagnies de chemins de fer ont fait, dans

ce but, de généreux et patriotiques efforts, mais avec cette pensée juste, que si le bénéfice de la traction des matières fertilisantes n'est pas considérable au commencement, il peut devenir important avec le temps, en raison du développement des produits, lequel amène nécessairement une augmentation dans les transports. C'est ainsi que la vente et le transport à bas prix de la marne, de la chaux, du plâtre sur les chemins de fer d'Orléans et de l'Ouest ont produit des résultats inespérés.

Aussi l'État encourage-t-il largement ces opérations, et des dépôts échelonnés en grand nombre sur ces lignes assurent à ces contrées un concours aussi ingénieux qu'efficace.

Sur ce parcours les récoltes en blé et en légumes secs sont arrivées au point le plus élevé du rendement. L'emploi de la marne et de la chaux transforme entièrement les contrées qui les reçoivent, et les améliorations obtenues se soutiennent et se poursuivent sans interruption les années suivantes.

Pour décider les fermiers à employer ces engrais, ceux surtout qui ne pourraient pas toujours en faire les frais, il fallait non-seulement les leur livrer à bon marché, mais leur procurer encore de grandes facilités de payement; les engrais ont été livrés à crédit, sur des bons visés par les notaires des localités, connaissant mieux que personne la solvabilité des preneurs. Les notaires, en un mot, étaient chargés des payements et des avances moyennant une commission.

En ce qui intéresse notre pays, le transport des engrais et des amendements doit avoir, pour le gouvernement et pour les compagnies, une importance particulière, car il est essentiellement agricole. Il serait à désirer que ces entreprises, comme celles de l'Ouest, se préoccupassent des transports des matières premières, non au point de vue des bénéfices à réaliser immédiatement, mais à celui d'enrichir la contrée en favorisant leur emploi; elles retrouveraient certainement plus tard, comme les compagnies de l'Ouest et d'Orléans, dans le transport des produits, considérablement augmentés, la compensation des sacrifices qu'elles auraient pu faire temporairement.

Car on comprend facilement la différence qu'il y a entre la situation d'une exploitation de chemin de fer traversant une contrée stérile ou un pays entièrement fertilisé.

Après ces observations générales il me reste à passer à l'appréciation, recueillie par l'enquête, des différents engrais dont j'ai déjà donné l'énumération.

LES MATIÈRES FÉCALES.

Les matières fécales se divisent en parties solides et en parties liquides ou eaux-vannes.

Les matières solides produisent la poudrette; les eaux-vannes sont répandues sur le sol directement ou distillées pour donner lieu à la production des sels ammoniacaux.

Ce produit, vendu à l'agriculture, peut lui fournir l'azote à environ 1 fr. 60 c. le kilogramme.

L'emploi direct des produits des vidanges est le système rationnel, puisqu'il évite toute espèce de fabrication; il donne des résultats incontestables. Il est en usage dans les environs de Paris, dans le Dauphiné, dans la Flandre et en Alsace, partout avec une grande efficacité.

En Chine on ne connaît pas d'autre engrais, mais il est employé là dans toute sa force. Aucunes des parties fertilisantes contenues dans les matières ne sont perdues.

L'enquête a recueilli une déposition qui a présenté un grand intérêt. M. Eugène Simon, consul de France à Fou-Cheou, en Chine, a dit que les Chinois ne connaissaient, pour ainsi dire, d'autres engrais que l'engrais humain et que la puissance de cet engrais était telle que les habitants cultivaient depuis quatre mille ans, sur les mêmes terres, les mêmes produits, le riz notamment.

La révélation de ces faits a fixé tout particulièrement l'attention de la commission, au point de vue de la théorie des assolements, qui, en Europe, conseille l'alternat dans les diverses cultures de plantes. On verra plus loin qu'elle s'y est longuement arrêtée.

Par l'emploi direct des matières fécales on a obtenu 60 000 kilogrammes de betteraves par hectare, c'est-à-dire en arrosant le terrain avec cet engrais, suivant la méthode flamande, enlevé à l'aide de tonneaux de la contenance de 25 hectolitres, montés sur deux roues et conduits directement sur un terrain préparé, et répandu ensuite avec une cuiller de bois.

On emploie par hectare 130 hectolitres, pesant trois degrés à l'aéromètre, et de 30 à 40 mètres cubes de fumier de ferme.

Quand ces matières ne peuvent être employées immédiatement on les dépose dans une vaste citerne construite exprès pour les recevoir.

A Lille, une tonne de vidange de 140 litres se vend de 30 à 35 centimes, frais de transport et d'enlèvement à la charge de l'acheteur. On y transporte ces matières jusqu'à 10 kilomètres.

Les cultivateurs de la Flandre sont, après les Chinois, ceux qui ont reconnu dans les vidanges les conditions de fertilisation les plus puissantes de toutes.

Les matières fécales conviennent à toutes les cultures. Pour les plantes herbacées elles sont d'un effet prodigieux; les prairies les plus mauvaises deviennent, par leur emploi, de bons pâturages.

On peut les employer pendant toute l'année: on évite seulement de les répandre pendant les chaleurs, mais, en général, c'est avant la poussée des herbes, dans les premiers mois de l'année, que cette fumure est le plus profitable.

L'engrais humain est considéré, par M. Moll, comme l'équivalent du fumier de ferme ordinaire, 1000 kilogrammes pour 1000 kilogrammes. Il dit qu'on peut utiliser le mètre cube de cet engrais même au prix de 10 francs, rendu au champ, tous frais compris.

Dans la culture des céréales il est arrivé à des résultats remarquables; il a obtenu jusqu'à 41 hectolitres 33 litres par hectare.

Sa méthode pour son emploi est simplement l'aération du sol la plus complète, par des labours profonds et énergiques réitérés qui permettent l'accès de l'air dans toutes les parties du sol, entre l'application de l'engrais et la semaille.

Cependant, généralement, cet engrais est donné immédiatement après la récolte et les labours se succèdent ensuite sans interruption.

J'ai obtenu, a dit encore M. Moll, dans une de mes plus mauvaises pièces, trois blés de suite qui ne laissaient rien à désirer et une quantité de 41 hectolitres 33 litres par hectare à la seconde année; je l'ai appliqué aussi aux autres cultures, notamment à celle des betteraves et des carottes, et il a produit un effet surprenant comme volume et comme poids. J'ai réussi parfaitement sur presque toutes les cultures de colza, de lin, de chanvre.

Le résultat le plus remarquable qui ait été constaté a été avec 8 mètres de vidange par hectare, étendus de huit à neuf parties d'eau et répandus le 11 mai sur du blé.

On conseille l'épandage vers le soir pendant l'été et le matin en hiver; il a été dit encore qu'il convenait mieux pour les terres légères.

Avec 3000 mètres cubes d'engrais pour une exploitation de 87 hectares il n'y a pas de terre au repos, si ce ne sont les prés.

Dans tous les cas, dit en terminant cet agriculteur éminent, l'alternat entre la vidange, le fumier ou l'engrais vert est le meilleur moyen de tirer tout le parti possible des terres.

Les moyens pratiques de l'emploi des vidanges, quand on se trouve à une grande distance des villes, c'est l'établissement d'un réservoir à la station la plus prochaine, de la contenance de 100 à 150 mètres cubes, et le mélange avec de la terre; on obtient alors un engrais pulvérulent, une espèce de poudrette que l'on conduit après directement sur le terrain.

Les premiers essais provenant des vidanges de Paris, faits en Champagne, ont produit une augmentation considérable dans le rendement des seigles. Au lieu de 24 hectolitres on a obtenu de 37 à 40 hectolitres par hectare.

Généralement on n'a trouvé aucun inconvénient de l'emploi de cet engrais.

Pour le mettre à la portée des cultivateurs, l'administration des chemins de fer de l'Est a fait construire un train spécial et tout entier pour le transport de ces matières. Elle a fait établir, dans les gares, des citernes de déchargement et de chargement, d'une capacité de 5000 hectolitres, et on y charge les tonneaux des cultivateurs à l'aide d'une pompe.

Dans la Flandre on applique cet engrais à tout : aux céréales, aux fourrages, aux cultures industrielles, aux betteraves, au lin et au colza. Le résultat est une augmentation très-sensible dans le rendement et dans la valeur des terres. On en emploie 16 à 20 mètres cubes par hectare, et cette fumure dure trois ans.

M. Eugène Simon a dit, en parlant de l'agriculture chinoise, que la densité de la population y étant de quatre à dix-sept habitants par hectare, on comprenait que, pour soutenir cette masse énorme de population, il avait été nécessaire d'avoir recours aux récoltes capables de fournir la plus grande somme de matières alimentaires et que c'étaient précisément les plus épuisantes de toutes : mais que le principal moyen pour y parvenir consistait dans l'art avec lequel on y recueillait et on y distribuait l'engrais.

Qu'il ne pouvait être question, en Chine, de faire alterner les plantes ; que la jachère, comme nous l'entendions, y était impossible.

La terre doit y produire sans cesse et ce n'est qu'en se couvrant chaque année, et souvent même deux fois par an des plus riches récoltes, qu'elle parvient à satisfaire aux impérieux besoins de ses quatre cents millions d'habitants.

Il est telle contrée, continue M. Simon, où, depuis un temps immémorial, on ne cultive absolument que la même plante. Dans la plaine de Pékin le blé succède au blé, au millet ou au sorgho sans aucune trêve.

Dans la plaine de Tcheutou chaque été amène les mêmes moissons de riz et depuis des siècles. On ne s'est pas encore aperçu qu'elles aient diminué; aussi l'hectare rapporte-t-il jusqu'à 7, 8 et 9000 kilogrammes de riz et vaut 30000 francs.

Les mêmes plantes reviennent presque indéfiniment sur le même terrain. C'est là un fait très-intéressant à notifier pour nos cultivateurs.

En effet, la culture continuelle du blé ou du riz, depuis trois ou quatre mille ans sur le même sol, est un fait nouveau pour eux.

Dans nos contrées l'idée qui domine est qu'on ne peut faire revenir, l'année suivante, la même plante sur le même terrain.

Le renseignement fourni par M. Simon a fait une certaine impression sur la commission, et la discussion a pris alors un développement qui est suffisamment justifié par l'importance et l'intérêt que cette question présentait pour l'agriculture.

M. Boussingault a alors rappelé qu'à son retour d'Amérique, il avait déjà signalé le même fait, c'est-à-dire la possibilité de faire venir constamment la même plante sur le même terrain. Sur le plateau des Andes, a-t-il dit, on cultive constamment le froment, l'orge, le maïs, les pommes de terre sur le même terrain. Comme expérience, ajoute-t-il, j'ai planté moi-même du tabac pendant dix ans dans la même pièce de terre.

M. Mony de Mornay, secrétaire du ministère de l'agriculture et du commerce, dit que ce fait s'est aussi produit en France : M. Crespel de l'Isle a fait cultiver de la betterave pendant quatorze ans dans le même sol.

Un autre membre de la commission, M. Bella,

ajoute : Dans le rognon du Nivernais on fait blé sur blé ; dans les environs de Toulouse on a un assolement très-épuisant, blé, maïs, sans interruption et sans jachère ; dans les chènevières, en France, on sème le chanvre tous les ans dans la même parcelle de terre.

Cette opinion générale de l'agriculture européenne qu'on ne peut faire revenir, l'année suivante, la même plante sur le même terrain, dit M. Boussingault, a été combattue par les principes scientifiques, et ce qui se passe en Chine et dans d'autres contrées en est la justification ; mais il n'y a aucun sol, de quelque fertilité qu'on le suppose doué naturellement, qui ne finisse par s'épuiser par de pareils efforts.

En Chine, s'il conserve cette puissance, c'est avec le secours que les cultivateurs lui fournissent et qu'ils trouvent dans l'engrais humain, le seul, presque, qui existe chez eux. Aussi non-seulement ils ne gaspillent pas, ni ne laissent perdre la moindre matière capable de former engrais, mais ils ne le dispensent au sol, et c'est là, encore, un enseignement important à signaler à la culture, qu'avec avarice et pour ainsi dire avec artifice.

Ainsi nos méthodes d'enfouir l'engrais plus ou moins longtemps à l'avance, ou même de donner, en une seule fois, à la récolte toute la quantité d'engrais dont elle aura besoin dans le cours de la végétation, leur paraîtrait de la prodigalité.

La perte des matières fertilisantes qui en résulte par l'évaporation, l'inertie de la trop grande saturation constituent un déficit énorme dans l'économie agricole.

Ce n'est que quand la plante a quelques feuilles que le chinois commence à lui donner un peu d'engrais, et il renouvelle cette opération autant de fois, mais pas plus, que cela est nécessaire, jusqu'à la récolte.

Une mère n'est pas plus attentive aux besoins de son enfant, ne l'épie pas avec plus de soins, n'est pas plus prête à le prévenir, ne le satisfait pas avec plus de générosité et, en même temps, avec autant de sage économie que le cultivateur chinois pour ceux de ses plantes.

Dès qu'elles sont semées il les veille, les observe avec une vigilance incessante; l'indice le moins apparent est un signe auquel il obéit sur-le-champ : sarclage, arrosement, nourriture, il ne lui ménage rien, mais il ne lui donne qu'au fur et à mesure de ses besoins.

La forme liquide ou pulvérulente sous laquelle l'engrais se rencontre le plus souvent en Chine fait, à la vérité, qu'il se prête facilement à cet emploi et qu'on peut le répandre pendant la végétation.

Les Indiens du Pérou appliquent le guano avec le même soin et les mêmes précautions que les Chinois apportent à l'application de la matière fécale. Ils mettent tantôt une prise, tantôt deux prises de guano, la quantité justement nécessaire pour assurer le développement de la plante.

L'engrais humain joue absolument le même rôle dans la culture chinoise que le fumier de ferme dans la nôtre. C'est lui qui en fait le fond principal; aussi, par nécessité autant que par habitude, les habitants en sont arrivés à ne pas l'employer avec plus de répugnance que nous n'en avons pour le fumier de ferme.

Il n'y a pas de fosses d'aisances dans les villes chinoises; elles sont remplacées par des vases que, tous les matins, les paysans qui ont un abonnement avec plusieurs maisons viennent enlever et nettoyer.

Cette opération se fait dans la rue, sur les places publiques, et personne ne songe même à s'en apercevoir. Ils repoussent, comme autant de préjugés puérils, toutes considérations contraires aux intérêts de la production.

« Dans les premiers jours de mon arrivée, continue
» M. Boussingault, mes instincts d'européen ne man-
» quaient pas de s'offusquer, je l'avoue, chaque fois
» que je rencontrais de pareils détails; mais on ne
» tarde pas à s'y habituer.

» Si je continue à trouver nos méthodes inodores
» préférables, au point de vue de la propreté, je me
» demande si cet avantage ne serait pas payé bien
» cher, si l'on ne devait jamais le réaliser qu'au prix
» des pertes énormes de matières fertilisantes qui
» en résultent.

» Je me demande s'il ne vaudrait pas mieux blesser
» l'odorat des passants que de jeter à la rivière des
» masses de matières aussi utiles. »

L'engrais humain coûte, en pâte liquide, de 7 à 8 sapèques, de 35 à 40 centimes la charge de 60 kilogrammes.

Arrivé chez lui, le cultivateur verse cet engrais dans de très-grandes jarres en terre placées à l'entrée de la maison, qui peuvent contenir de 30 à 40 kilogrammes.

Ces jarres sont ordinairement abritées par quelques pieds de bambous, quelquefois par un petit toit, souvent par une ou deux feuilles de caladium ou de nénuphar, qui, s'appliquant sur l'orifice, empêchent la volatilisation des gaz fertilisants et odorants.

On attend, si l'on peut, avant de l'employer, qu'il

y ait un commencement de décomposition dans la matière, puis on le fait passer dans une autre jarre placée à côté et on l'y mélange avec douze ou quinze fois son volume d'eau, suivant la force de la plante que l'on veut arroser.

Il est transporté au moyen de seaux, dans lesquels on puise avec une cuiller en bois et on le répand sur la récolte.

Cet engrais s'applique à toutes les récoltes, mais surtout à l'orge, au blé, au coton, au sarrasin, à l'igname, aux fèves, aux légumes, et toujours en couverture. On choisit, autant que possible, un temps couvert pour le répandre.

Il n'est pas facile, vu la façon avec laquelle les Chinois usent de l'engrais, de dire précisément combien ils en emploient, puisque cela dépend uniquement du besoin de la récolte.

Cependant, quelle que soit cette récolte, ils estiment tous à 1000 ou 1100 sapèques, ou de 5 à 6 francs, la fumure d'un méou de terre, ou dixième d'hectare, ce qui ferait 5000 kilogrammes d'engrais en pâte, valant de 40 à 45 francs par hectare.

Les produits qui ont été nourris de matières fécales, cela ne fait plus question aujourd'hui, n'ont aucune odeur désagréable.

Les exploitations sont très-divisées; la plus grande culture, dans le midi de la Chine, ne dépasse pas 8 à 10 hectares.

Dans nos grandes exploitations on comprend que les fermiers ne puissent opérer avec la minutieuse sollicitude des Chinois et arriver à leur résultat; mais la propriété, en France, tendant tous les jours à se diviser davantage, les procédés chinois peuvent y recevoir une certaine application. Il y a donc utilité à consigner ici tous ces faits et à appeler sur eux toute l'attention des ouvriers de la terre.

M. du Couëdec, propriétaire et agriculteur, a déposé, dans l'enquête, que rien n'était comparable à l'emploi des matières fécales, étendues d'eau, pour les prairies et les plantes fourragères.

Dans ce cas, l'engrais est répandu dans le mois de février, plus particulièrement et encore après la fenaison, à raison de 15 mètres cubes par hectare. A l'état de compost il est répandu, à l'automne, en une seule fois.

A Grenoble, et dans les environs, les terrains auxquels est appliqué cet engrais sont des terrains d'alluvion, un limon argileux, qui le retient parfaitement bien. On l'y répand à la dose de 80 mètres cubes environ par hectare et cela suffit pour fournir cinq récoltes successives : première année, chanvre; deuxième, chanvre ; troisième, gros blé ; quatrième, trèfle ; cinquième, blé fin.

Cet engrais y coûte entre 4 et 5 francs le mètre cube, en comprenant la désinfection, l'extraction et le transport à 5 ou 6 kilomètres.

LA POUDRETTE.

La poudrette s'obtient par la séparation des liquides des matières solides et par la dessiccation; elle est exactement, aujourd'hui, ce qu'elle a toujours été. Il n'y a pas de progrès possible dans sa préparation et, à raison des frais, le prix de l'engrais est limité par sa nature même.

Il est à noter que la fabrication des poudrettes fait perdre une grande partie des parties utiles.

TOURBE ANIMALISÉE.

A Nantes on introduit des tourbes dans les matières provenant des vidanges et, lorsqu'elles ont subi la fermentation, elles se vendent 80 centimes l'hectolitre aux marchands d'engrais, sous le nom de tourbes animalisées. Ces tourbes entrent alors dans la composition du noir animal, des petits noirs, des noirs en un mot, dont la densité est très-faible et dont la vente se fait à la mesure.

MM. Château et Blanchard ont organisé à Toulouse, à Mettray, à Paris et dans beaucoup d'autres localités, un système de vidange qui convertit immédiatement en poudrette et en engrais riche toutes les matières, tout en les désinfectant instantanément.

Ils opèrent, par exemple, sur 100 litres de matières fécales pâteuses en y ajoutant 4 pour cent de phosphate acide de magnésie et 1 pour cent de phosphate acide de fer.

La désinfection a lieu en une demi-heure et, dans les vingt-quatre heures, il y a séparation de la partie liquide de la partie solide, par la précipitation de cette dernière.

On obtient alors 20 à 25 kilogrammes de matières dosant trois et demi d'azote et six à sept d'acide phosphorique. L'engrais se travaille avec une grande facilité et sans répugnance et il est réduit, à la fin, à l'état pulvérulent. Il en résulte la création d'engrais d'une grande richesse apportant, en même temps, la salubrité aux villes.

La désinfection des eaux-vannes et leur transformation en engrais complet s'effectue de la même manière. On fait d'abord une dissolution saturée de sulfate brun de magnésie, soit seul, soit uni au sulfate de fer, en parties égales; on les dissout dans de l'eau ; 5 à 10 litres de cette préparation suffisent ordinairement pour désinfecter un mètre cube de matières premières.

On a indiqué ensuite l'emploi d'un nouvel engrais ou plutôt la composition d'un engrais qui serait formé de moitié poudrette et moitié de guano. On a obtenu de ce mélange un excellent résultat; on est parfaitement assuré, par ce moyen, de faire toujours de bonnes récoltes. Plus la terre est fraîche, plus il faut forcer la quantité de poudrette ; plus la terre est sèche il faut, au contraire, augmenter la quantité de guano, car le guano a la propriété d'attirer l'humidité au sol. Il est à remarquer encore que le guano fait pousser le blé lentement et la poudrette beaucoup plus vite.

LES SELS AMMONIACAUX.

M. Liebig soutient que les sels ammoniacaux ne sont d'aucune utilité en agriculture et que l'atmosphère en fournit aux plantes en assez grande quantité.

Il serait désirable que des expériences tranchassent la question et démontrassent l'efficacité ou l'inanité de cet engrais, car il ne faut négliger aucune des quantités de matières fertilisantes.

Le sulfate d'ammoniaque a été employé avec succès pour la culture des betteraves et du blé, à raison de 300 kilogrammes par hectare.

L'ENGRAIS ORGANIQUE.

Ces matières ont donné lieu à un nouvel engrais, appelé engrais organique, composé de sulfate d'ammoniaque et de poudrette. Les résultats en ont été, partout, satisfaisants ; il en faut 800 kilogrammes par hectare et le prix en est de 17 francs les 100 kilogrammes.

Il faut 20 kilogrammes de sulfate d'ammoniaque et 100 kilogrammes de poudrette pour constituer ce que l'on appelle l'engrais organique.

Nous avons fait l'essai de l'eau ammoniacale provenant de l'usine à gaz, dans une pièce de terre située en Plantières, près de cette usine. Les résultats en ont été remarquables, mais il faut les étendre d'eau, sans cela il y a des parties qui sont brûlées.

La Compagnie Richier obtient, par des procédés qui lui appartiennent, de 12 à 13 kilogrammes de sulfate d'ammoniaque par mètre cube d'eau-vanne distillée.

Les sels ammoniacaux et les eaux ammoniacales des fabriques de gaz sont encore employés à enrichir les autres engrais, notamment le noir animal en poudre qui, combiné avec le phosphate de chaux, le sang et les liquides ayant servi à acidifier les os, constituent, par ces bases principales, des engrais d'une grande richesse.

Le sulfate d'ammoniaque, comme complément de fumure, à raison de 100 kilogrammes par hectare, produit des résultats magnifiques.

M. Kuhlmann, de Lille, a dit : « Quand on admet-
» trait, en principe, l'action du phosphate et des
» autres engrais minéraux comme suffisante, je pré-
» tends que les principes ammoniacaux interviennent

» utilement, parce que, tout en activant la végéta-
» tion, ils facilitent l'assimilation, par les plantes,
» d'une plus grande quantité des matières minérales,
» indispensables à la végétation et à la fructification.

» Lorsqu'il s'agit de faire produire à la terre des
» récoltes forcées, on ne peut se passer de l'influence
» des produits azotés.

Autre chose est de laisser croître naturellement ou d'aider au développement d'une culture, ou de forcer la terre à produire deux récoltes de plantes épuisantes dans une même année.

Les sulfates ammoniacaux provenant des usines à gaz ou de la distillation des matières fécales peuvent donc être très-utilement ajoutés à d'autres engrais.

Mais il faut être certain que, seuls, ils ne produiraient que des végétations herbacées et sans fructification.

L'emploi de cet engrais seul, mais étendu d'eau, ne pourrait convenir qu'au prairies et à toutes les cultures de plantes herbacées, comme les luzerne, trèfle, minette, sainfoin, etc.

LE NOIR ANIMAL.

Le noir animal est encore une des bases principales des engrais.

Il est de diverses natures : le noir fin et le sang, employés pour la clarification du sucre, est le résidu le plus estimé. C'est celui qui obtient toujours un prix exceptionnel ;

Le noir en grains dont la force est épuisée ;

Les noirs fins provenant du blutage ;

Le noir revivifié ;

Le noir qui se dépose des eaux de lavage de noir destiné à la revivification.

Tous ces noirs ont des prix variables, d'après leur richesse en phosphate de chaux ; ils doivent contenir au moins 60 pour cent de phosphate de chaux, ce qui est facile à constater.

Dans les établissements où ces engrais sont déposés, chaque tas porte son étiquette, indiquant la richesse en phosphate. On néglige de constater la valeur en azote, ce qui est regrettable, car si cette indication existait on pourrait donner une meilleure direction à la fabrication des engrais artificiels.

Toutefois on a établi deux catégories d'engrais de cette substance, le noir animal proprement dit et les mélanges.

On emploie, par hectare, 5 hectolitres de noir animal, du prix de 15 francs l'hectolitre, soit 75 francs par hectare.

DÉBRIS DE POISSONS.

M. Rohart a fabriqué, en Norwége, un engrais avec des débris de poissons. Les diverses parties en sont desséchées et réduites en poudre. Cet engrais, à l'état pulvérulent, contient 9 pour cent d'azote et 30 pour cent de phosphate ; il revient, à Paris, à 25 francs les 100 kilogrammes.

Il en faut de 3 à 400 kilogrammes par hectare, suivant l'exigence des cultures et l'état des terres. On en fait usage en Bretagne, dans la Normandie, à Paris et dans la Beauce.

A Fécamp on se sert de débris de harengs. Presque tout le jardinage y a recours et s'en trouve très-bien ;

Il est peut-être trop fertilisant et a besoin d'être utilisé avec discernement.

On apporte encore de Terre-Neuve des engrais de poissons qui consistent en débris de morues, non plus desséchées, mais seulement salées, que l'on vend sur les côtes de Bretagne, comme engrais. Les cultivateurs lés mélangent avec du terreau ou de la tourbe, les laissent se décomposer ainsi pendant un certain temps et répandent ensuite ce compost sur leurs terres, après un ou plusieurs brassages.

On fait aussi des engrais avec des débris de sardines : avec leurs têtes et leurs intestins.

A Marseille on tire parti, dans le même but, des débris de salaisons, de la morue avariée, et on en obtient de bons résultats.

LE SEL.

Les expériences faites sur l'emploi du sel, comme engrais, n'ont donné aucun résultat appréciable.

Il est résulté des essais de M. Kuhlmann que, dans le département du Nord, l'influence de cet engrais est plutôt nuisible qu'avantageux.

Le sel, appliqué directement sur la terre, peut être utile cependant, notamment sur les points éloignés de la mer, pour lui donner une certaine quantité de principes salés qu'elle ne pourrait recevoir autrement. Pour toutes les plantes, et surtout pour certaines plantes, il y a un besoin de sel relatif.

Toutes les expériences, a dit M. Kuhlmann, que j'ai vues et qui ont été faites, soit à Nancy, soit dans le midi de la France, donnent une pauvre opinion des effets de l'emploi du sel comme engrais.

Le sel, comme engrais, est donc toujours à l'état d'essai. Cependant, en mélange, il a une action incontestable; ainsi le guano, répandu au printemps, à la suite d'une sécheresse persistante, est perdu si on n'y mélange du sel en certaine quantité.

Les mélanges de sel à d'autres substances produisent beaucoup plus d'effet que quand on l'emploie seul.

Les Anglais, en ajoutant du sel au nitrate de soude, ont aussi obtenu de meilleurs résultats qu'en employant ces substances seules et à part.

Mais, en parlant du sel comme engrais, il ne faut pas confondre le sel de nos contrées avec le sel marin; notre sel donne de la soude, et le sel marin et les herbes marines donnent de la potasse.

Cependant c'est à tort, a dit M. Malaguti, que l'on a considéré le sel marin exclusivement comme un engrais; le principal rôle que cette substance joue dans la culture est celui de dissoudre certains agents fertilisants, par eux-mêmes insolubles. Son action principale, en agriculture, est donc celle d'un dissolvant.

Il faut mêler le sel aux substances insolubles comme, par exemple, aux phosphates terreux, au guano, au noir animal, etc.

Les Anglais, comme on l'a déjà dit, qui sont bons observateurs, exacts et méthodiques, en emploient beaucoup dans leur agriculture.

Les revues agricoles les plus accréditées de l'Angleterre recommandent le mélange du sel dans les composts, dans les engrais de toutes sortes, avec la conviction que la présence du sel en augmente l'efficacité; mais ils ne conseillent pas de s'en servir directement comme agent de fertilisation, à la façon du noir animal, des phosphates fossiles ou de la marne.

On emploie de 8 à 10 pour cent de sel pour ces mélanges.

LE SEL MARIN.

Le sel marin seul, comme engrais, ne vaut rien. Les expériences de M. Lawes, sur le blé et sur la betterave, insérées dans un numéro du Journal de la Société royale d'agriculture d'Angleterre sont concluantes.

LES PHOSPHATES FOSSILES.

Les phosphates fossiles sont recherchés aujourd'hui comme l'élément réparateur le plus puissant de la fertilisation du sol.

L'industrie agricole a, sur les autres, l'avantage providentiel d'avoir, dans le sol, un laboratoire mystérieux qui fournit lui-même, jusqu'à épuisement, la première matière minérale nécessaire au développement de la semence. Cette matière, que la chimie a fait connaître, se nomme tantôt phosphate de chaux, tantôt potasse, soude, magnésie, chaux, fer, silice, etc.

Parmi ces éléments il en est, sans doute, qui ne font jamais défaut dans le sol, soit à cause de leur abondance, soit parce que la nature se charge de combler les vides que la végétation y occasionne. Mais il en est d'autres, moins abondants, que le jeu régulateur des agents naturels ne peut pas réintégrer, et il suffit de l'absence d'un seul des principes nécessaires à la vie d'une plante pour rendre le sol infertile pour tous les végétaux qui ne peuvent pas se passer de ce principe.

Il est certain sol qui n'a jamais été épuisé par la culture et qui, cependant, est considéré comme frappé de stérilité. Aujourd'hui, grâce au noir animal, au phosphate de chaux fossile, à la chaux, au feldspath, au guano, ce sol est fécondé d'une manière remarquable.

On conçoit donc que, pour maintenir dans le sol une fertilité constante, il soit indispensable de lui restituer tous les éléments que la récolte lui enlève.

A Paris il s'est fondé une usine importante pour la pulvérisation des nodules de phosphate fossile, et les propriétaires de cet établissement en ont encore six autres dans les Ardennes et dans la Meuse, dont le principal livre plus de huit millions de kilogrammes de ses produits à l'agriculture, par année.

Liebig conseille de dénaturer les nodules au moyen de l'acide sulfurique, afin de rendre leur phosphate immédiatement soluble. L'Angleterre a tenté ce procédé et le résultat a été satisfaisant.

En France l'application à la culture des nodules simplement pulvérisés a donné un succès complet et constant.

On emploie le phosphate de chaux en poudre dans les terres non calcaires, mais dans les terrains où le calcaire domine, il est préférable de le mélanger au fumier au fur et à mesure que le tas se forme.

Employé en poudre on le répand sur la terre dans la proportion de 6 à 700 kilogrammes par hectare, à raison de 8 francs par 100 kilogrammes, soit 48 francs par hectare.

L'action du phosphate fossile est de plus longue

durée que celle du noir; elle se fait sentir encore à la troisième année.

M. Guinon a déposé que l'emploi du phosphate fossile était en usage dans tout son département et qu'on en obtenait des résultats sérieux. On y met 500 kilogrammes par hectare, contenant 45 pour cent de phosphate; soit 225 kilogrammes de phosphate par hectare.

M. Chertemps, cultivateur à Marmont, près de Melun, a déclaré que le phosphate fossile, employé à l'automne, avait donné une très-bonne récolte de blé, comparée à un même blé qui n'avait pas reçu de phosphate.

Semé dans les mêmes proportions et dans les mêmes conditions au printemps, le résultat aurait été négatif.

Le même cultivateur ajoute que les essais qu'il a faits chez lui, de la chaux animalisée, ont donné les résultats les plus déplorables; que l'engrais Sussex, les engrais de poissons, l'engrais Lainé, ne l'ont pas satisfait.

« Avec les expériences que j'ai faites, dit-il, j'ai
» acquis la conviction que, pour ma terre, en dehors
» du fumier de ferme, du guano du Pérou, des tour-
» teaux, du sulfate d'ammoniaque, de la chaux, de
» la marne et du phosphate fossile, tout est décep-
» tion. »

M. Rivet, ingénieur des mines, a déposé qu'il ne s'était occupé, dans ses analyses, que de la partie minérale des engrais. J'ai analysé, dit-il, des coprolithes, des nodules de phosphate de chaux, particulièrement ceux des environs de Stenay et de Dusoncy; ils contiennent jusqu'à 40 pour cent de phosphate. J'ai analysé les phosphates de toutes les localités.

Les plus riches sont ceux d'Espagne; ils contiennent souvent 30 pour cent d'acide phosphorique, par conséquent 60 pour cent de phosphate.

LA CHAUX.

La chaux est indispensable dans les terrains granitiques, utile dans les terrains schisteux, d'un emploi difficile dans les terrains humides. Dans ce dernier cas il faut quelques précautions; on doit préparer les composts longtemps à l'avance et profiter d'un temps sec pour les répandre.

Voici comment on procède à l'emploi de la chaux comme engrais dans la Mayenne, procédé qui a entièrement transformé le pays et répandu la richesse et l'abondance dans des parties autrefois frappées de stérilité.

On réunit sur place une certaine quantité de terre, quatre ou cinq fois plus grande que la quantité de chaux que l'on veut employer. On dispose cette terre en tas allongés, qui sont appelés tombes dans le pays.

Les cultivateurs soigneux travaillent cette terre pour la diviser, l'émietter, l'aérer. Lorsque la tombe est faite on l'ouvre par le milieu dans le sens de la longueur pour y placer la chaux.

On emploie, en général, de 35 à 40 hectolitres de chaux par hectare. La chaux est enfermée dans la terre le plus soigneusement possible et recouverte de 50 centimètres environ de cette même terre.

On surveille les dépôts. Si la chaux est bonne elle ne tarde pas à tomber en poussière, cela arrive ordinairement au bout de huit à dix jours; si la chaux est moins bonne, si le temps est moins favorable, il faut une quinzaine de jours.

On bouche soigneusement toutes les fissures un peu fortes qui se produisent avant que la chaux ne soit entièrement réduite.

Enfin, lorsqu'elle est bien éteinte et à l'état de poussière, on mêle entièrement la terre et la chaux ; on y ajoute ensuite après, un mètre cube de fumier par 4 hectolitres de chaux, c'est-à-dire que si le tas a reçu 40 hectolitres de chaux, il reçoit 10 mètres cubes de fumier. Ce fumier est étendu par-dessus le tas, de manière à en former une couverture de quelques centimètres d'épaisseur, puis on fait le mélange en enfermant le fumier jusqu'à ce qu'il disparaisse entièrement.

Ces composts sont préparés deux mois au moins avant d'être employés; et, s'ils le sont depuis plus longtemps encore, depuis quatre, cinq ou six mois, cela n'en vaut que mieux, et on ne les prépare, bien entendu, qu'à temps perdu.

Au moment de la semaille on dépose le compost sur le terrain, en petits tas, à la distance de 7 mètres en 7 mètres. La nature de ces terres, dans la Mayenne, est argilo-siliceuse.

Par ces composts, bien mélangés, on obtient jusqu'à 28 hectolitres de blé par hectare là où on n'en obtenait que 14.

Cette opération se renouvelle tous les trois ans pour le blé et pour l'orge, et on opère chaque année environ sur le quart des terres.

Il est très-remarquable que 40 hectolitres de chaux et 10 mètres cubes de fumier donnent un aussi fort rendement en beaux blés et en trèfles superbes. La chaux coûte, dans le pays, 1 fr. 45 c. l'hectolitre.

LE PLATRE.

Le plâtre est reconnu pour un excellent engrais pour le trèfle, la luzerne, le sainfoin, les pois, les fèves, les vesces et les jarousses; il entre dans la combinaison des engrais minéraux, dans des proportions quelquefois qui ont été critiquées et même incriminées. Nous avons déjà eu occasion d'en parler et nous aurons encore à y revenir lors de l'examen des engrais fabriqués.

LE SOUFRE.

Le soufre, comme engrais, a un effet très-remarquable, surtout sur la vigne. Quand, pour combattre l'oïdium, il faut soufrer la vigne, huit jours après l'opération on voit déjà l'effet du soufrage par une végétation luxuriante.

Quand on procède à cette opération on projette le soufre sur les pampres et sur les fruits. La maturation du fruit en est favorisée; on vendange alors quinze jours plus tôt.

Nous obtenons, a dit M. More, par le soufrage, des vins de commerce au lieu de vins de chaudière. Les vins qui, autrefois, ne s'exportaient pas ont un nom aujourd'hui, et cela tient particulièrement au soufrage.

On commence à soufrer au commencement de mai, une seconde fois à l'époque de la floraison et une troisième fois pendant la fructification.

Les vignes soufrées à l'époque de la floraison retiennent leurs fruits d'une manière remarquable; il n'y a pas de coulage.

On emploie, en moyenne, de 75 à 80 kilogrammes de soufre, fleur de soufre ou soufre trituré, par hectare, ce qui fait environ 20 francs par hectare pour les trois soufrages de l'année.

Mais le soufre brûle le raisin par la trop grande chaleur. Pour remédier à cet inconvénient on le mélange avec deux tiers de son poids de plâtre et on obtient alors un soufrage qui ne brûle plus le fruit.

On projette le soufre avec un soufflet de cuisine ordinaire, dans le bois duquel on a fait un trou pour y introduire la poudre de soufre; une personne peut faire 1 hectare par jour pour le prix de 1 fr. 50 c. En sorte que la dépense totale des trois soufrages, par hectare, est de 25 francs environ.

Ainsi le soufre a non-seulement servi à détruire l'oïdium, mais il a été encore un engrais pour la plante et il en a perfectionné les produits; il devait, dès lors, être essayé sur d'autres végétaux. Cette application nouvelle a donné lieu aux observations suivantes :

Sur les melons on a bien réussi pendant une année. L'année suivante ils ont été brûlés, soit par ignorance, soit faute de précautions, car il faut appliquer le soufrage avec discernement; il faut qu'il n'y ait pas trop de chaleur dans l'atmosphère et qu'il y ait dans le sol une humidité convenable.

Employé sur des fleurs, notamment sur des pensées, on a obtenu de bons résultats. Le soufre a avivé les couleurs et donné des fleurs magnifiques.

Sur les poiriers il n'a pas produit d'effet; sur les pruniers, au contraire, à l'époque de la floraison, on a obtenu un résultat très-favorable. On a opéré comme pour la vigne.

Sur le coignassier et sur le pommier, bon résultat également; sur les pommes de terre aussi, en donnant trois soufrages, de la fin de juin au 15 août.

Les soufrages, en général, doivent être faits à un mois de distance.

LES GRANITS.

La terre serait bientôt épuisée si on ne trouvait pas le moyen de lui restituer les minéraux essentiels et indispensables à la fertilisation et qui interviennent d'une manière si utile comme engrais. On peut demander aux granits, aux roches feldspathiques, désagrégés ou en décomposition, au sable granitique, les sels qu'il est nécessaire de restituer au sol, comme la potasse, la silice, l'alumine, la chaux, les alcalis, l'acide phosphorique, que contiennent les roches naturelles, de manière à les rendre lentement solubles dans l'eau chargée d'acide carbonique.

On broie, sous les meules verticales, la roche avec son poids de chaux éteinte en poudre. Grâce à l'action chimique exercée par la chaux tous les éléments des roches deviennent attaquables par l'eau chargée d'acide carbonique.

On peut faire varier la solubilité de ces éléments pour ainsi dire à volonté.

L'action de la chaux, sur les phosphates naturels, est analogue à celle que la chaux exerce sur les silicates. Ainsi, en traitant les silicates contenant des alcalis mélangés avec des phosphates naturels, on obtiendrait certainement des engrais excellents qui mettraient à la disposition des plantes toutes les matières minérales utiles : silice, alumine, oxyde de fer, alcalis, acide phosphorique.

Les granits, le feldspath, mélangés au fumier, comme moyen de rendre la potasse soluble, est un procédé aussi facile qu'efficace. La désagrégation qui en résulte est la source essentielle de la potasse que les végétaux s'assimilent. Après l'emploi de ces substances les terres deviennent très-fertiles.

Ces procédés sont pratiqués avec succès en Angleterre; les cultivateurs anglais emploient 600 kilogrammes de granits ou de feldspath désagrégés, par hectare.

LES ENGRAIS MARINS.

Bien que les engrais tirés de la mer ne puissent être appliqués à l'agriculture de nos contrées, il n'est pas moins utile de faire connaître les résultats obtenus, afin que les cultivateurs cherchent, par analogie, à appliquer à leurs cultures des substances qui auraient les mêmes propriétés fertilisantes que les engrais marins.

En résumé, et on ne peut trop le répéter, les agriculteurs doivent s'attacher surtout à rendre à la terre les éléments indispensables à la nutrition des plantes : l'acide phosphorique, la potasse, la silice, l'azote.

Les cendres de lessive, les granits en décomposition ou broyés, les granits décomposés qui se trouvent à l'état de sable sous le sol, les amas de substances fossiles, les marnes, etc., doivent être essayés comme moyens de donner aux terrains une plus grande valeur en les fertilisant.

Les noirs azotés, noirs de raffinerie, contiennent tous, à peu près, la proportion d'azote annoncée; les noirs d'os, les noirs en grains pulvérisés et mélangés avec du noir de blutage moins riches, sont autant de moyens employés pour rendre de la potasse à la terre.

Indépendamment des noirs, des phosphates, du guano, on emploie encore les différents engrais artificiels : les chiffons de laine, les résidus des savonneries, les débris de salaisons, la carnasse ou détritus de peaux des tanneries, les produits des chantiers d'équarrissage, les produits des abattoirs. Toutes ces substances donnent de grands résultats comme engrais.

Les terrains sont fécondés d'une manière remarquable par ces moyens dans le département de l'Indre, en Bretagne, dans le Berry, dans la Bresse, la Brenne et la Sologne. La cause de la stérilité de ces provinces ne provenait que de l'absence ou de l'insuffisance d'un ou de plusieurs des principes que, grâce aux découvertes récentes de la science, la nature minérale peut aujourd'hui leur fournir, sans crainte d'en voir jamais tarir la source.

De Saint-Malo à Lorient on fait emploi des variétés de calcaires appelées tangues, sables coquilliers, maërl.

De Lorient à Paimpol le goëmon est employé. Le sol primitif, là partout granitique et schisteux, reçoit une nouvelle puissance par cet engrais.

On emploie la tangue, comme engrais, en quantité considérable sur les côtes de la Manche. Du 1er avril à la fin de juillet cinq à six mille voitures par jour viennent en chercher de 25 et jusqu'à 40 kilomètres.

La tangue est une espèce de sable gris qui se dépose dans les baies; c'est un mélange de coquilles, de débris de roches granitiques ou schisteuses ; c'est un engrais qui est toujours riche en carbonate, en phosphate de chaux et en acide phosphorique. Il contient de 25 à 50 pour cent de carbonate de chaux.

La tangue s'emploie seule ou en compost avec des fumiers, des curures de mares, des balayures de route, des détritus de végétaux de toute espèce. La quantité employée varie de 15 à 35 mètres cubes et jusqu'à 100 mètres cubes par hectare. L'action de cet engrais dure pendant quatre ou cinq ans à une première application ; à une seconde application l'effet est plus durable : il est de neuf à dix ans.

Puis arrivent les bancs de maërl ou madrepores, qui sont d'une autre substance calcaire marine employée en France et en Angleterre; elle se présente sous forme de concrétions dures et irrégulières, mamelonnées, à ramifications vermiculaires; elle est tantôt d'un gris verdâtre (c'est le maërl blanc), tantôt d'un blanc rosé ou maërl rose; elle contient beaucoup de carbonate de chaux; elle coûte 1 franc la tonne et on en met de 15 à 20 tonnes par hectare.

Le maërl est une espèce de corail remplie d'animalcules; c'est un bon engrais, qui renferme pas mal d'acide phosphorique. Quand on le remue pendant la nuit on voit des phosphorescenses très-abondantes.

Enfin les dépôts de sables marins, qui se rapprochent des tangues, connus sous le nom de tréaz, de couleur blanche, très-fins, contenant de 40 à 85 pour cent de carbonate de chaux, par conséquent plus riches que les tangues; le maërl, les sables coquilliers, les goëmons, sont les engrais de Paimpol à Brest.

Les polypiers de la baie de Concarneau, les goëmons ou varechs, fucus ou algues marines, le murez. le falun, les coraux.

Avec le goëmon on obtient jusqu'à 40 hectolitres et plus de froment par hectare et on peut faire, pendant plusieurs années, froment sur froment. Cela démontre qu'il est, à lui seul, un engrais complet.

Les calcaires marins du littoral du Finistère, des Côtes-du-Nord et du Morbihan fournissent, par année, 500000 mètres cubes d'engrais.

Les madrepores ou maërl se présentent en rognons ou à l'état rameux et contiennent de 60 à 95 pour cent de carbonate calcaire et de 1 à 6 pour cent de phosphate calcaire.

Tous ces sables coûtent de 2 à 3 francs le mètre cube et pèsent 1200 kilogrammes. Le maërl ne pèse que 900 à 1000 kilogrammes; on en emploie de 10 à 12 mètres cubes par hectare qui, à raison de son extrême division, agit promptement et, à cette dose, son effet utile se prolonge pendant huit ans.

Tous ces engrais devaient être signalés afin qu'on pût, dans d'autres contrées, agir par analogie avec les dépôts de sables et de marne qu'on y rencontre et qui peuvent présenter des éléments d'engrais de même nature.

SUITE DES ENGRAIS MINÉRAUX.

Le phosphonitre est la combinaison des nitrates, des phosphates et du plâtre. Cet engrais, qui est du prix de 15 fr. 50 c. les 100 kilogrammes, a été analysé par M. Malaguti, qui a constaté qu'il était composé de sulfate de chaux, de phosphate fossile, de sels solubles à base de soude et d'ammoniaque combiné avec de l'acide sulfurique et de l'acide nitrique, de faibles quantités de potasse, de chlore et de magnésie. Il a trouvé :

Phosphate fossile.	33,92,
Plâtre.	56,76,
Sulfate d'ammoniaque.	4,27,
Azotate de soude.	4,40,
Chlore, potasse et magnésie. .	0,65.

L'association de ces différents éléments, dans de semblables proportions, constitue une coupable fraude, car payer le plâtre sur le pied de 155 francs les 1000 kilogrammes, alors qu'il ne peut valoir que de 7 à 8 francs, est un véritable vol.

Le nitro-phosphate, fabriqué à Angoulême, est composé de phosphate de chaux, de nitrate de soude et de sulfate d'ammoniaque sans plâtre. On a dû renoncer à cette fabrication.

Chaux animalisée. Il a été dit déjà que les résultats en avaient été déplorables.

Le superphosphate de chaux est du noir animal dont le phosphate est rendu plus soluble par une addition d'acide sulfurique ou par l'action successive de l'acide sulfurique et chlorydrique. L'emploi de cet engrais s'est généralisé ; il est employé en Angleterre, en Autriche et dans différentes parties de l'Allemagne, surtout pour la culture des betteraves.

Le chlorure de potassium est recommandé comme engrais pour la généralité des cultures ; les plantes s'assimilent cette substance de préférence à d'autres.

L'analyse de la plupart des plantes a donné la prépondérance au chlorure de potassium ; il faut donc le donner à l'agriculture, d'autant plus que c'est là une des substances le moins répandues dans le sol et que les récoltes, surtout celles de betteraves, absorbent en quantité considérable. La terre serait bientôt épuisée si l'on n'arrivait pas à trouver le moyen de lui donner des sels de potasse.

L'ajonc marin est employé, dans l'Hérault, à la culture de la vigne; il contient du chlorure de potassium.

Les varechs contiennent une quantité notable de sulfate de potasse; ils peuvent donc intervenir comme engrais d'une manière utile. Aussi sont-ils employés, dans la Manche, en quantité considérable.

Silicate de potasse. C'est sous cette forme, dit M. Kuhlmann, qu'il faudrait livrer la potasse à l'agriculture, parce qu'il y aurait possibilité de régler la solubilité des silicates de façon à fournir aux plantes la silice et la potasse au fur et à mesure de leur assimilation. Cet engrais peut être essayé avec de grands éléments de succès pour la culture de la vigne.

Le nitrate de soude. C'est un engrais dans le même genre que les sulfates ammoniacaux. La soude n'intervient pas d'une manière sensible, elle ne peut être qu'ajoutée utilement à d'autres engrais; seule, elle ne produit que des végétations herbacées et ne serait particulièrement bonne que pour les prairies.

Le nitrate de soude, notamment employé en Angleterre, dans des proportions toujours croissantes depuis 1837, n'est presque pas connu en France; il donne l'azote à meilleur marché que le guano.

Les Anglais, en ajoutant du sel au nitrate de soude, ont obtenu aussi de meilleurs résultats qu'en employant le nitrate seul.

M. Lavaux, de Choisy-le-Temple (Seine-et-Marne), dit qu'il a employé les nitrates de soude, qu'ils produisent un effet instantané bien visible sur les céréales. Je l'ai employé, ajoute-t-il, sur le blé après betterave ; il a donné de la verdure à la plante et augmenté beaucoup la grenaison. La quantité employée est de 200 à 400 kilogrammes par hectare. Pour les répartir plus facilement on les mélange à raison de 8 hectolitres de poudrette par hectare.

Les sels de magnésie. L'emploi des sels de magnésie, dans les engrais, est signalé par Chodzko. Il en a été parlé précédemment.

ENGRAIS ARTIFICIELS DE TOUTE NATURE ET DE TOUTES FABRIQUES.

Les engrais artificiels sont en très-grand nombre ; leurs essais ont donné des résultats bien différents. Certains cultivateurs les condamnent radicalement, d'autres déclarent en avoir tiré de bons partis.

ENGRAIS MOSELMANN.

M. Decauville, cultivateur à Petit-Bourg, près Corbeil, déclare n'en avoir pas obtenu de résultat satisfaisant. « Débris de saumons, dit-il, déchets de » poissons, engrais artificiels de toute nature et de » toutes fabriques, rendent peu de services. Il n'y a » pas, selon moi, d'engrais de fabrication bien utiles. » Ceux de mes voisins qui ont employé des engrais » artificiels n'ont pas recommencé. »

Chaux animalisée. Les résultats en ont été précédemment appréciés ; les résultats ont été reconnus déplorables.

Engrais Sussex, de poissons, Lainé. Ces engrais ont été appréciés par M. Chertemps, cultivateur à

Mormont, arrondissement de Melun. Ils ne lui ont pas donné satisfaction.

Engrais Derrieu. C'est un mélange d'os pulvérisés et de matières animales provenant des équarrissages ; il contient 30 pour cent de phosphate de chaux et de 7 à 8 pour cent d'azote.

Guano de Swann. C'est un produit naturel qui renferme 64 pour cent de phosphate tribasique très-assimilable.

Engrais Rohart. Il en a déjà été parlé ; il est employé dans l'Indre. Les résultats en sont satisfaisants, puisque son emploi est continué.

L'engrais Kraff, le guano Bakes, les guanos artificiels de la Motte-Beuvron et de la Madelaine ; les engrais Coutin-Lemarchand, l'engrais économique de la Société d'agriculture sont employés dans le département de l'Indre ; mais les trois derniers n'ont pas été pris au sérieux.

Selon l'Enquête on a recours encore, dans le même département, aux noirs, aux phosphates, au guano, aux chiffons de laine et aux résidus de savonnerie ; on les emploie en couverture, mais plus avantageusement sous raie, en même temps que la semaille du blé, et on recouvre à la herse.

Des voyageurs de commerce ont placé, dans les campagnes, des quantités considérables de ces divers engrais.

ENGRAIS DIVERS.

Les tondelles provenant de la tonte des draps fournissent un excellent engrais. On le paye 7 francs les 100 kilogrammes ; 5 à 600 kilogrammes par hectare suffisent à une fumure de quatre ans.

Les chiffons de laine, qui se payent à Lyon 12 fr. les 100 kilogrammes, sont appliqués à la culture de l'olivier et de la vigne. L'action du chiffon dure de quatre à cinq ans. Ce qui est remarquable, c'est que le chiffon exerce surtout son influence sur les terres les plus sèches et les plus brûlées par le soleil.

Le purin d'étable. Les effets de l'engrais liquide ont été constatés par M. Michaux, sur une pièce de betteraves de 12 hectares ; sur ces 12 hectares il y avait une partie, de 2 hectares, où la betterave avait mal levé ; j'ai fait passer, dit M. Michaux, les tonneaux à purin dessus ; après cette opération elle est devenue la meilleure ; en voyant les bœufs et les roues des tonneaux écraser les racines on devait penser que la récolte serait tout à fait perdue ; il n'en a rien été ; c'est là que le rendement a été le plus considérable ; en moyenne il est ordinairement de 40000 kilogrammes par hectare, et j'ai obtenu 55000 kilogrammes dans cette pièce. On arrose quand la betterave est grosse comme le petit doigt ; à cette époque on ne risque pas de faire de mal à la plante.

Ainsi voilà un renseignement des plus utiles pour la culture de nos contrées ; une plantation de racines languit, il suffit de passer sur le terrain avec le tonneau à purin pour tout rétablir ; le purin ne manque nulle part et il produirait sans doute le même effet sur d'autres cultures languissantes.

LES TOURTEAUX.

Les tourteaux de colza et de graines de lin, dans nos contrées, peuvent servir d'engrais. L'engrais de tourteaux de colza a beaucoup d'analogie avec le guano, en ce que, comme celui-ci, il fait pousser en vert; on l'emploie pour les mêmes cultures et de la même façon que le guano : 1000 kilogrammes par hectare suffisent concurremment avec du fumier de ferme.

Les tourteaux d'arachides, de sésame, de coton, de palmistes, de ricin, de ravison (colza sauvage d'Afrique ou d'Égypte), de copra ou noix de cocos, de graines de melons ou de courges, et ceux encore de colza et de lin, sont employés dans le midi de la France et notamment dans les environs de Marseille. M. Raybau de Lange, directeur de la ferme-école de Paillerols (Basses-Alpes), en recommande l'emploi comme engrais et dit que les résultats en sont très-remarquables; ils sont appliqués à raison de 500 kilogrammes par hectare.

Les tourteaux de pois oléagineux et de coton sont encore des engrais très-estimés et très-recherchés en Chine. Ces tourteaux, à Chusan comme à Shang-haï, sont les plus chers des engrais, mais il est rare qu'on les emploie seuls; le plus souvent ils ne viennent que suppléer à l'insuffisance des autres engrais pour les légumes; le blé n'est pas jugé digne d'un pareil engrais.

On l'applique aux plantes qui paraissent souffrir dans le cours de leur végétation; il produit alors l'effet d'un cordial puissant qui prépare au développement complet de la récolte. Son action est immédiate et peut être appréciée dans les trente-six heures qui suivent son application, même sur les plantes les plus grêles et les plus jeunes attestant une grande souffrance.

Les cultivateurs chinois ne recourent à cet engrais qu'au moment précis où il peut remplir le but qu'ils se proposent ; ils répandent le tourteau, réduit en grains de la grosseur d'un pois, par un temps sec, de façon à ce qu'il tombe le plus près possible de la plante. Notre tourteau de colza peut remplacer, avec avantage, le tourteau de pois oléagineux des Chinois. Mais c'est surtout sous le rapport des soins qu'ils donnent à leurs cultures qu'il est bon de publier ces renseignements ; il est évident qu'en procédant avec l'intelligence et les soins qu'ils apportent dans les cultures en souffrance, nos fermiers n'auraient plus à redouter les mauvaises récoltes et, au lieu de se contenter de dire : voilà des blés ou des avoines qui ne donneront rien, parce qu'elles ont une mauvaise apparence, s'ils s'appliquaient à chercher un remède au mal dont les blés et les avoines souffrent, s'ils leur donnaient à ce moment l'engrais qui peut les remettre, la récolte serait sauvée. C'est ici le cas de l'application, en couverture, des engrais en poudre ou des engrais liquides, du purin, par exemple, étendu d'eau, c'est-à-dire une partie de purin et cinq parties d'eau.

LES VASES ET BOUES.

Les vases et boues sont très-estimées, surtout pour les blés ; elles ne coûtent que la peine de les recueillir et peuvent être employées à grande dose sans inconvénient. On les répand sur le terrain après l'ensemencement, par couche de 5 à 6 centimètres et on en remet encore quelquefois, dans le courant de la végétation, au pied des blés pour les rechausser.

LES DÉTRITUS DE PLANTES ET D'HERBES.

Ces détritus sont mis en tas et mélangés avec des terres brûlées, arrosés fréquemment avec de l'eau douce, remués de temps en temps. Quand ils sont réduits en terreau on les emploie en couverture sur le blé, à la dose de 2500 kilogrammes par hectare; on complète la fumure avec quelques charges de matières fécales.

Le terreau de plantes et de feuilles, mélangé de sable, sert à rechausser de temps en temps le blé et les légumes.

Souvent encore on met les détritus de plantes en tas et, après y avoir mis le feu, on les couvre de terre pour empêcher que la combustion ne s'opère trop vite. On obtient ainsi un terreau de cendres qui n'a rien perdu des éléments fertilisants que les plantes contiennent.

Les cendres vives sont aussi recueillies et employées pour les cultures, surtout pour le maïs. On les fait venir de très-loin.

Les débris divers, comme les os, les plumes, les crins, les cheveux, les cornes, les chiffons, sont encore soumis à une torréfaction préalable, puis pulvérisés et réunis en proportions variables; arrosés tantôt avec de l'eau pure, tantôt avec de l'urine, ils constituent ainsi un engrais des plus énergiques. On ne s'en sert guère que mélangé avec une quantité égale de terre et à une très-faible dose au pied des plantes; mais, le plus souvent, on s'en sert pour praliner les grains avant de les ensemencer.

LE PRALINAGE.

Le pralinage est un procédé agricole connu et pratiqué en Chine dès l'antiquité la plus reculée.

Le Tchéouli ou rites de la dynastie des Tchéou, publié il y a plus de trois mille ans, entre, à ce sujet, dans de grands détails. La plupart des espèces de grains sont, avant leur ensemencement, soumis à un pralinage plus ou moins complet, et les substances qui sont le plus employées à cet usage sont le sang des animaux mêlé aux cendres de toutes espèces.

Le sang coagulé est mélangé avec des cendres jusqu'à ce que le tout soit devenu solide, puis il est étendu et séché au soleil; quand il est bien sec il est de nouveau rejeté dans une autre quantité de sang mélangé et séché comme la première fois. Cette opération est recommencée une troisième fois et enfin quand, après le dernier mélange, on est parvenu à une dessiccation complète, on le réduit en poussière très-fine, et c'est dans cet état qu'on l'emploie pour le pralinage, qui se fait en brassant pendant quelque temps, dans cette poussière, les grains préalablement trempés dans l'eau, et cela quelques heures seulement avant la semaille.

Ce pralinage est bien employé comme engrais et non comme chaulage.

Les Chinois, cependant, ne considèrent pas le pralinage comme un très-puissant engrais, car ils appliquent leur fumure trois ou quatre jours après la levée de la plante; au moment même de la germination des grains, et pendant les deux ou trois premiers jours qui suivent, on remarque aisément une différence très-sensible en faveur des grains pralinés et ceux qui ne l'ont pas été.

Il résulte encore de différentes considérations sur les engrais chinois :

1° Que l'engrais est plus cher et plus rare en Chine qu'en France ;

2° Qu'on en emploie moins là que chez nous sur une même surface ;

3° Que le mode d'application en est tout différent et que cette différence est tout à l'avantage de la Chine.

Cependant, si rare que l'engrais soit là, si faible que soit la quantité qu'on en emploie, si grands que soient les avantages de son mode d'emploi, ils seraient insuffisants sans un agent qui apporte avec lui des éléments considérables de fertilité, qui est répandu sur une très-grande partie du territoire et qui, partout où il passe, supprime presque tout autre engrais. Je veux parler de l'irrigation, et voici encore un renseignement utile à retenir : elle s'applique au blé aussi bien qu'aux autres cultures.

On procède par irrigation courante et on ne fait pas revenir l'eau quand le blé pousse. La quantité d'eau qui a été absorbée par le sol est suffisante pour toute la durée de la végétation, et on obtient deux récoltes, l'une de blé et l'autre de légumes.

Dans la grande culture nous n'avons rien d'analogue en Europe ; cependant, dans le jardinage, nous voyons faire deux, trois et quatre récoltes par année sur le même terrain.

Les irrigations jouent un grand rôle dans l'agriculture de la Chine ; quand elles s'appliquent à d'autres plantes qu'au riz on ne la laisse sur le sol que le temps nécessaire pour l'abreuver ; à la suite des irrigations viennent se placer les amendements les plus importants, ceux qui sont fournis par les cendres des végétaux.

Dans les livres agricoles chinois on trouve l'indication d'autant d'espèces de cendres et d'applications différentes qu'il y a de sortes de végétaux.

Les cendres sont employées sur tous les terrains, et principalement pour le blé, l'orge et le sarrasin, à la dose moyenne de 1 à 2 centimètres d'épaisseur à la surface du sol ; on les répand immédiatement après la récolte de la plante qui a précédé et on les enfouit par un léger labour. Cet amendement ne se renouvelle que tous les deux ou trois ans.

Les cendres coûtent environ 15 centimes la charge de 60 kilogrammes ; elles ne dispensent pas d'autres fumures.

LES DÉCOMBRES.

Les décombres, les plâtras fournissent d'excellents engrais ; ils sont placés en tas pendant quelque temps pour permettre la désagrégation des matériaux ; ils sont ensuite passés à la claie pour en séparer les pierres ; ils sont employés, notamment, pour la culture de la vigne et pour celle de quelques légumes, tels que pois, fèves, etc.

M. Dulac compose des engrais spéciaux pour la vigne et pour les arbres fruitiers ; il y apporte beaucoup de soins au point de vue de la conservation de la saveur des fruits.

La production du fruit réclame de la potasse, car la potasse pousse au fruit, tandis que l'azote pousse à la verdure aux dépens de la fructification.

LES IMMONDICES.

Les immondices des villes sont des engrais d'une grande puissance fertilisante et qui devraient être recherchés avec plus d'empressement, car rien ne peut être comparé à l'effet de cet engrais; les maraîchers savent en tirer un très-grand parti et, depuis longtemps, ils en ont constaté la constante efficacité.

Les vieilles chaussures sont aussi utilisées comme engrais; elles se vendent 6 francs les 100 kilogrammes; elles sont brûlées et réduites en poudre.

Les poudres d'os fournissent un bon engrais; dans la Mayenne on en saupoudre les fumiers.

Les engrais de la vigne, dans le Midi, sont le fumier de ferme, les chiffons de laine, les tourteaux de colza, de lin, de sésame et d'arachides. On a le soin de ne pas employer d'engrais puants, parce qu'ils ont une grande influence sur la qualité des vins.

Un des engrais encore signalés dans l'Enquête, et qui n'est pas le moins étonnant, est l'engrais de vieux chevaux.

On reçoit, dans la cour de la ferme, les chevaux dépouillés et dépecés; les débris des animaux sont étalés sur un lit de tourbe et recouverts avec du fumier frais, et on recommence ainsi le compost jusqu'à épuisement; on règle la fermentation en arrosant avec de l'eau; les principes volatils de la fermentation sont retenus par la tourbe qui les enveloppe. 12 mètres cubes de fumier, 20 mètres cubes de tourbe et dix-huit chevaux sont les proportions des quantités nécessaires à la formation d'un compost suffisant qui, après quelques semaines d'entassement, produit, sur 1 hectare, de belles récoltes de froment et de colza.

Les os sont mis dans un four et simplement torréfiés; on les broie quand ils sont encore chauds et on les emploie à la dose de 1500 kilogrammes par hectare. On ajoute à ces composts des bourres de tanneries, du sang, des chiffons de laine, etc. Toutes ces matières sont mélangées avec la tourbe.

Le prix du fumier de ces composts est de 6 francs le mètre cube, et celui de la poudre d'os est de 16 francs les 100 kilogrammes.

Ici se termine cette analyse, un peu longue, des moyens fournis par l'Enquête du ministère de l'agriculture et du commerce, pour combattre la fraude dans le commerce des engrais et pour se procurer des matières fertilisantes en plus grande abondance et au plus bas prix possible. Les cultivateurs intelligents sauront bien tirer avantage de ces renseignements et leur donner une application utile, car ils n'ignorent pas qu'avec ces moyens on parvient à doubler la production ordinaire du sol.

Simon-Favier.

Nancy. — Imp. E. Réau

www.ingramcontent.com/pod-product-compliance
Ingram Content Group UK Ltd.
Pitfield, Milton Keynes, MK11 3LW, UK
UKHW021945260726
13994UKWH00004B/1545

9 782329 384252